www.ingramcontent.com/pod-product-compliance
Lightning Source LLC
Chambersburg PA
CBHW080940170526
45158CB00008B/2319
9781081595616